MÉMOIRES

DE LA

SOCIÉTÉ GÉOLOGIQUE DU NORD

TOME PREMIER
III

M. R. Zeiller. — NOTES SUR LA FLORE HOUILLÈRE DES ASTURIES.

LILLE
IMPRIMERIE ET LIBRAIRIE SIX-HOREMANS
244, Rue Notre-Dame
1882

MÉMOIRES

DE LA

SOCIÉTÉ GÉOLOGIQUE

DU NORD

TOME I

Mémoire N° 3

MÉMOIRES
DE LA
SOCIÉTÉ GÉOLOGIQUE
DU NORD

TOME PREMIER
III

M. R. Zeiller. — NOTES SUR LA FLORE HOUILLÈRE DES ASTURIES.

LILLE
IMPRIMERIE ET LIBRAIRIE SIX-HOREMANS
244, Rue Notre-Dame
1882

NOTES

SUR LA

FLORE HOUILLÈRE DES ASTURIES

PAR

M. R. ZEILLER.

M. Ch. Barrois a rapporté en 1877, des Asturies, un assez grand nombre d'échantillons de plantes houillères qu'il a bien voulu me communiquer et dont l'examen m'a fourni quelques résultats que je crois intéressant de signaler.

Je donnerai d'abord la liste des espèces que j'ai reconnues, en indiquant, s'il y a lieu, les remarques paléontologiques auxquelles m'a conduit leur étude ; je ferai connaître ensuite les conclusions qu'on peut tirer, au point de vue de l'âge des couches dont elles proviennent, de la présence, parmi ces empreintes, de certaines espèces caractéristiques.

La Commission de la Carte géologique d'Espagne a publié dans son *Bulletin*, en 1875, une liste des plantes houillères des divers bassins de la péninsule ([1]). Parmi elles, 45 espèces sont citées comme provenant des Asturies ; mais il n'est pas possible d'en tirer des indications précises sur l'âge relatif des dépôts dans lesquels elles ont été rencontrées. On aurait, en effet, d'après cette liste, trouvé sur les mêmes points des espèces franchement supérieures, telles que les *Annularia longifolia* Brongt., *Pecopteris arborescens* Schlot. (sp.) (comprenant même le *P. cyathea* Schlot. (sp.) que Schimper y réunissait), *Pecopteris oreopteridia* Schlot. (sp.), *Pecopteris unita* Brongt., et d'autres au contraire qui sont propres aux couches inférieures du vrai terrain houiller, à l'étage que j'ai appelé, avec M. Grand'Eury,

---

(1) *Boletín de la Comision del Mapa geologico de España*, T. II (1875), *Sinopsis de las especies fosiles que se han encontradon en España*, par D. Lucas Mallada ; p. 127 à 159. La plus grande partie des renseignements relatifs aux plantes houillères contenus dans ces pages sont la reproduction des listes publiées en 1874 dans les *Anales de la Sociedad Española de historia natural* (T. 3, p. 225, *Enumeracion de plantas fosiles Españolas*, par D. Alf. de Areitio y Larrinaga).

l'étage houiller moyen, telles que les *Nevropteris gigantea* Sternb., *Alethopteris lonchitica* Schlot. (sp.), *Ulodendron punctatum* Lindl. et Hutt. (sp.), *Sigillaria Saullii* Brongt., *Sigillaria Cortei* Brongt., etc., et même des espèces encore plus anciennes, comme le *Sphenopteris tenuifolia* Brongt., dont le type vient de St-Georges-Châtelaison (Maine-et-Loire), c'est-à-dire de l'étage houiller inférieur, du culm, ou le *Knorria imbricata* Sternb., du même niveau.

Les figures données de ces espèces dans les tomes III et IV du même *Bulletin* n'apportent aucune preuve à l'appui de ces déterminations, car elles sont empruntées aux ouvrages classiques de paléontologie végétale et l'on ne trouve parmi elles aucune représentation des empreintes originales qui ont pu servir de base à l'établissement de la liste contenue dans le tome II.

Je crois donc qu'on ne doit accepter qu'avec certaines réserves la liste paléontologique donnée dans le *Bulletin* de la Commission de la carte géologique d'Espagne, et il me paraît, notamment, d'après l'examen que j'ai pu faire des empreintes recueillies par M. Ch. Barrois, que les discordances que je viens de signaler doivent être attribuées à des erreurs de détermination assez faciles à commettre: ainsi je crois que les noms de *P. arborescens*, *P. oreopteridia*, *P. unita*, ont bien pu être attribués aux diverses formes du *P. abbreviata* Brongt., très abondant dans le bassin central, et qui ne figure pas sur la liste en question. L'auteur de cette liste a d'ailleurs admis, avec Schimper, la réunion de cette espèce, qui est du houiller moyen, avec le *Pecopteris polymorpha* Brongt., qui est du houiller supérieur, et qu'il cite dans les couches de San Juan de las Abadesas (prov. de Gerona), où il se trouve en effet, et dans celles de la province de Burgos.

Il n'entre nullement dans ma pensée, en faisant ces réserves, de critiquer un travail qui donne sur la flore houillère de l'Espagne des renseignements intéressants, mais je ne pouvais me dispenser de rectifier des indications en contradiction avec ce que j'ai reconnu moi-même et de nature à laisser une grande incertitude sur l'âge réel des dépôts houillers des Asturies et particulièrement des couches du bassin central de la province d'Oviedo.

En 1877, dans la deuxième partie de sa *Flore carbonifère*, M. Grand'Eury a donné une liste d'espèces de Langreo, d'après lesquelles il conclut: « que le grand massif carbonifère des Asturies est moyen en général et non contemporain du calcaire carbonifère », comme on l'avait supposé [1].

---

[1] Grand'Eury, *Flore carbonifère du dep. de la Loire et du centre de la France*, p. 431.

La liste des espèces de Mieres, déterminées par lui un peu plus tard, confirmait cette conclusion (¹).

Il ajoutait cependant, d'après des indications à lui données par M. Bignon, que peut-être les couches exploitées à Arnao, au nord d'Oviedo, sur les bords du golfe de Gascogne, appartiendraient à un niveau plus élevé et posséderaient déjà des espèces propres à la flore de l'étage houiller supérieur. C'est, d'ailleurs, ce qui résulte d'une liste de plantes publiée par M. H. B. Geinitz et sur laquelle je reviendrai plus loin.

Je n'ai pu vérifier moi-même ces indications, n'ayant eu entre les mains qu'une seule empreinte d'Arnao, à peu près indéterminable; mais j'ai constaté l'existence de la flore houillère supérieure à Ferroñes, au sud d'Arnao, ainsi qu'à l'ouest d'Oviedo; quant au bassin central, toutes les espèces que j'ai examinées me font rapporter les couches de ce bassin à l'étage houiller moyen.

Les localités où M. Barrois a pu recueillir des empreintes végétales, ou du moins des échantillons bien conservés et déterminables, sont: Mieres, Felguera, Olloniego, Sama, Ciano, Santa-Ana, Mosquitera, dans le bassin central; Onis, à l'est de ce bassin, Santo-Firme au nord d'Oviedo; Quiros, Lomes, Tineo, au sud-ouest ou à l'ouest, et enfin au sud, Cordal de Leña.

L'examen de ces empreintes m'a permis de reconnaître les espèces suivantes :

CALAMITES SUCKOWI. Brongniart.

Mieres, sud-est d'*Olloniego, Sama, Mosquitera; Onis.*

CALAMITES CISTI. Brongniart.

Felguera, Sama; Santo-Firme.

ASTEROPHYLLITES EQUISETIFORMIS. Schlotheim (sp).

Ciano. Cette espèce, sur l'identité de laquelle je ne puis avoir de doute, se présente sous la même forme qu'en Belgique et dans le nord de la France; elle n'avait pas, à ma connaissance, été signalée encore dans le bassin houiller des Asturies.

ANNULARIA MICROPHYLLA. Sauveur.

Je crois devoir rapporter à cette espèce, dont j'ai reçu de Belgique, grâce à la bienveillante obligeance de M. F. Crépin, des échantillons authentiques, de petits fragments d'*Annularia* de *Santa-Ana*.

(¹) *Annales des Mines*, 7ᵉ série, t. XII (6ᵉ livraison de 1877), p. 372.

Annularia sphenophylloides. Zenker (sp).

Sama. Cette espèce, qui est surtout abondante dans le terrain houiller supérieur, se rencontre déjà dans les couches les plus élevées du terrain houiller moyen, ainsi à Lens, Dourges, Bully-Grenay, dans le Pas-de-Calais, à Mons, en Belgique.

Annularia stellata. Schlotheim (sp).

Tineo, où elle paraît commune, et où on la trouve accompagnée de ses grands épis de fructification (*Brukmannia tuberculata* Sternberg).

Je ferai sur cette espèce, indiquée, comme je l'ai dit, à Mieres et à Langreo dans le *Bulletin* de la Commission de la carte géologique d'Espagne (*An. longifolia* Brongt.), la même remarque que pour la précédente, à cette différence près qu'elle est beaucoup plus rare dans l'étage houiller moyen que l'*An. sphenophylloïdes:* je ne l'ai observée jusqu'ici, dans cet étage, qu'à Bully-Grenay.

Sphenophyllum cuneifolium. Sternberg (sp).

Sama, Ciano.

Sphenophyllum saxifragæfolium, Sternberg (sp).

Sama. Ce n'est toutefois qu'avec quelque doute que j'inscris ici cette espèce, en raison de l'état fragmentaire des empreintes qui paraissent s'y rapporter.

Sphenophyllum emarginatum. Brongniart.

Felguera, Ciano, Santa-Ana, Mosquitera. Cette espèce se présente sous ses deux formes, tantôt avec des feuilles à peine échancrées ou sans échancrure, tantôt avec des feuilles nettement émarginées, conformes au type de Brongniart.

Sphenophyllum oblongifolium. Germar et Kaulfuss (sp).

Tineo. Ce *Sphenophyllum* n'était signalé par le *Bulletin* de la Carte géologique d'Espagne qu'à Barruelo, dans la province de Palencia, et avec quelque doute.

Sphenophyllum angustifolium. Germar.

Tineo. Cette espèce n'était pas encore, que je sache, indiquée en Espagne.

Sphenopteris formosa. Gutbier.

Je crois pouvoir rapporter à cette espèce plusieurs petits échantillons de *Sama*, qui me paraissent d'ailleurs identiques à un *Sphenopteris* assez abondant à Lens, dans le Pas-de-Calais, ainsi qu'autour de Mons en Belgique, et dont j'ai signalé les fructifications (¹) comme le faisant rentrer dans le genre *Oligocarpia* Gœppert.

SPHENOPTERIS sp.

M. Ch. Barrois a recueilli à *Tineo* un fragment de penne d'un *Sphenopteris* du groupe du *Sph. chærophylloïdes* Brongt. (sp.), qui se rapproche de cette espèce ainsi que du *Sph. cristata* Brongt. (sp.), sans que je croie pouvoir l'identifier à l'un ni à l'autre, et qui me paraît surtout très voisin de l'espèce que M. Grand'Eury a figurée, sans la nommer, à la pl. VII, fig. 1, de sa *Flore carbonifère*. Cet échantillon est fructifié, mais il est impossible de reconnaître le mode d'organisation des sporanges, l'empreinte offrant la face supérieure de la penne, sur laquelle les sores placés en dessous forment des boursouflures arrondies, semblables à celles que l'on observe chez beaucoup de Polypodes.

DIPLOTMEMA DISTANS. Sternberg (sp).

Cordal de Lena. C'est à cette espèce, propre à l'étage du culm, qu'appartiennent les seules empreintes déterminables rapportées par M. Barrois de cette localité.

MARIOPTERIS LATIFOLIA. Brongniart (sp).

Quelques empreintes de *Ciano* se rapportent incontestablement au *Sphenopteris latifolia* Brongt., signalé seulement en Espagne dans les couches houillères de San Juan de las Abadesas.

NEVROPTERIS TENUIFOLIA. Schlotheim (sp).

Sama, Ciano, Santa-Ana. Cette espèce paraît abondante dans ces différentes localités ; elle s'y présente sous des formes diverses, mais cantonnées cependant dans un cercle de variations assez peu étendu, et qui me paraissent décidément distinctes du *Nevropteris heterophylla* Brongt. auquel Schimper avait proposé de la réunir; elle en différerait par la moindre variabilité de forme et de taille de ses pinnules, par la forme même de celles-ci, toujours plus allongées proportionnellement à leur largeur, par sa nervation plus fine. Les pinnules sont normalement libres à leur base, c'est-à-dire fixées au rachis seulement par un point; mais vers l'extrémité des pennes, elles se soudent au rachis d'abord du côté inférieur, par lequel elles se montrent légèrement décurrentes, puis par le côté supérieur aussi, et sont alors attachées par toute leur largeur, comme dans le genre *Odontopteris;* pour compléter la ressemblance, un certain nombre de nervures secondaires naissent directement du rachis dans la partie soudée.

(1) *Explic. de la Carte géol. de la France*. T. IV, 2ᵉ partie. *Végét. foss du terr. houiller*, p. 39.

C'est, d'ailleurs, ce qu'indique très nettement la figure type de l'espèce, Pl. XXII, fig. 1, du *Petrefactenkunde* de Schlotheim (*Filicites tenuifolius*).

Sur l'échantillon figuré par Brongniart, Pl. 72, fig. 3, de l'*Histoire des végétaux fossiles*, le fragment de penne qui occupe la gauche de la figure présente aussi, vers le haut, des pinnules soudées au rachis et décurrentes par leur moitié inférieure.

Je crois que c'est sur ces formes à pinnules plus ou moins soudées, à nervation plus ou moins odontoptéroïde, qu'ont été fondées diverses espèces, qui devraient être réunies, par suite, au *Nevropteris tenuifolia*.

Ainsi l'*Odontopteris neuropteroides* Rœmer, de Piesberg et d'Ibbenbühren (¹), me paraît ne représenter qu'une de ces formes, à pinnules soudées au rachis par leur moitié inférieure; l'échantillon figuré sous ce même nom par M. de Rœhl (²), à la pl. XXXII, fig. 10, 10 a, de sa Flore houillère de Westphalie, appartient encore plus nettement au *Nevropteris tenuifolia*, avec ses pinnules contractées en cœur à la base et attachées seulement par leur milieu.

De même, les échantillons figurés par M. Geinitz à la pl. 26, fig. 8, 8 A', de sa Flore houillère de Saxe (³) sous le nom d'*Odontopteris britannica* (⁴), et par M. de Rœhl, sous le même nom, à la pl. XX, fig. 12, de l'ouvrage précité, représenteraient les formes à pinnules complètement soudées au rachis, correspondant à la partie supérieure des pennes.

On ne connaît d'ailleurs, jusqu'ici, que des fragments trop peu étendus de cette espèce pour se rendre compte exactement de la forme générale de la fronde et des pennes qui la constituaient, et du degré de variabilité de leurs folioles.

NEVROPTERIS SCHEUCHZERI. Hoffmann.

Felguera, Sama, Ciano. Cette espèce paraît très abondante dans ces localités ; elle se présente en pinnules isolées, tantôt petites, de forme orbiculaire, de 7 à 10 millimètres de diamètre, ou ovale, de 7 à 8 mill. de largeur sur 10 à 12 mill. de longueur, tantôt très grandes, atténuées vers le sommet en pointe aiguë ou obtusément aiguë, à base généralement inéquilatérale, atteignant 10 centim de longueur sur 20 ou 25 mill. de largeur et

---

(1) F. A. Rœmer. *Beitr. z. geolog. Kenntniss d. nordwestl. Harzgebirges.* 1860 (*Palæontographica*, t. IX), p. 187, pl. XXX, fig. 2.

(2) v. Rœhl, *Foss. Flora d. Steinkohlenform. Westphalens* (*Palæontographica*, t. XVIII. 1868).

(3) H. B. Geinitz. *Die Versteiner. d. Steinkohlenform. in Sachsen.* 1855.

(4) L'*Odontopteris britannica* de Guthier me paraît différent.

davantage encore. Un caractère commun à ces pinnules, quelle que soit leur taille, consiste, outre le mode de disposition des nervures, très obliques, arquées et serrées, dans la présence de poils raides, plus ou moins abondants, fréquents surtout à droite et à gauche de la nervure médiane et atteignant 2 à 3 mill. de long: la face inférieure des pinnules paraît seule garnie de ces poïls, tandis que la face supérieure semble parfaitement glabre.

Sur tous les échantillons des localités précitées je n'ai vu que des pinnules détachées, mais j'ai observé, notamment à *Ciano*, des fragments de rachis portant de petites protubérances spiniformes, qui me paraissent pouvoir appartenir à cette fougère, dont les folioles, comme celles de certaines espèces vivantes, devaient être éminemment caduques.

Cette espèce, l'une des plus anciennement connues, puisque, après avoir été figurée en 1700 par Scheuchzer (1), elle a été nommée, décrite et figurée en 1826, par Hoffmann (2), est aussi l'une de celles qui ont reçu le plus de noms différents, et il ne me paraît pas sans intérêt d'entrer à cet égard dans quelques détails.

Je rappellerai d'abord que M. Leo Lesquereux, en la nommant en 1858 *Nevropteris hirsuta* (3), a le premier insisté sur la présence de ces poils caractéristiques, et annoncé qu'il croyait pouvoir réunir sous ce nom, en une seule espèce, les *Nevropteris Scheuchzeri* Hoffmann, *N. angustifolia* Brongt., *N. acutifolia* Brongt., et *N. cordata* Brongt., bien que, pour aucun d'eux, les auteurs qui les ont créés n'aient indiqué l'existence de ces poils, pourtant si constants et d'ordinaire si visibles.

Un certain doute pouvait donc subsister, pour ce motif, sur l'identité de ces diverses espèces, et Schimper avait cru devoir les maintenir séparées (4). Mais l'examen que j'ai fait, au Muséum, des types figurés par Ad Brongniart m'a prouvé qu'à l'exception du *N. cordata* la réunion indiquée par M. Lesquereux était absolument justifiée.

Les échantillons types des *Nevropteris angustifolia* (5) et *N. acutifolia* (6), prove-

---

(1) Scheuchzer, *Herbar. diluv.*, p. 48, pl. X, fig. 3 (édition de Leyde, 1723).
(2) Hoffmann, in Keferstein, *Teutschland geogn.-geolog. dargestellt*, t. IV, p. 157, pl. 1 b., fig. 1-4.
(3) L. Lesquereux, in Rogers, *Geology of Pennsylvania*, vol. II, pt. 2, p. 857, pl. III, f. 6, pl. IV, fig. 1-16.
(4) Schimper, *Traité de paléont. végét.*, t. I, p. 445 et 446.
(5) Brongniart, *Hist. d. végét. foss.*, p. 281, pl. 64, fig. 3, 4.
(6) Brongniart, *loc. cit.*, p. 231, pl. 64, fig. 6, 7.

nant, les uns de Camerton près Bath, ou de Bath, en Angleterre, les autres de Wilkesbarre en Pennsylvanie, présentent nettement les poils en question, bien que les figures n'en indiquent pas l'existence, et ils ne diffèrent guère entre eux que par leurs dimensions, les pinnules rapportées au *N. angustifolia* étant seulement plus étroites proportionnellement à leur longueur. Les collections du Muséum possèdent, d'ailleurs, étiquetés sous le nom de *N. acutifolia* par Brongniart, de très beaux échantillons provenant, les uns de Sydney (Cap Breton, Canada), les autres de Saarbrücken, qui offrent de grandes portions de frondes avec les pinnules encore attachées au rachis. Les grandes pinnules à sommet atténué en pointe aiguë sont accompagnées à leur base par une ou par deux petites pinnules orbiculaires ou ovales; vers le sommet, ces petites pinnules disparaissent et la penne est alors simplement pinnée.

C'est d'ailleurs ce qu'expriment les figures données par Gutbier (¹) et Geinitz (²) d'un très beau spécimen de *N. acutifolia*, figures qui en reproduisent très exactement la nervation, mais ne représentent pas les poils, parfois peu visibles, du reste, sur l'empreinte de la face supérieure des folioles.

Quant au *Nevropteris cordata* Brongt., il ne m'a pas été possible de retrouver au Muséum l'échantillon représenté à la pl. 64, fig. 5, de l'*Histoire des végétaux fossiles*, lequel constitue le type de cette espèce; mais j'ai vu, étiquetés sous ce nom, plusieurs échantillons parmi lesquels il y a certainement deux formes différentes, l'une identique aux *N. acutifolia* et *N. angustifolia* et munie des poils caractéristiques, l'autre différente par sa nervation et par l'absence de poils, et représentée par des spécimens d'Alais, de Saint-Etienne et de Carmaux. Or, Brongniart indique précisément Alais et Saint-Etienne comme provenances de son *N. cordata*, et je n'ai jamais vu d'aucune de ces deux localités un seul échantillon muni de poils, pouvant être rapporté à l'espèce dont je parle en ce moment. C'est donc à tort, à mon avis, qu'on a désigné cette espèce, à diverses reprises, sous le nom de *N. cordata*.

Ainsi je crois que le *N. cordata* de Lindley et Hutton (³), de Leebotwood, près Shrewsbury, devrait être rapporté plutôt au *N. acutifolia*, c'est-à-dire au *N. Scheuchzeri*, avec ses grandes pinnules aiguës, accompagnées de folioles orbiculaires ou ovales beaucoup plus petites. En tout cas, comme l'a fait remarquer M. Lesquereux, il ne

---

(1) Gutbier, *Abdr. und Versteiner. d. Zwickauer Schwarzkohlengeb.*, p. 52, pl. VII, fig. 6, 6 a.
(2) H. B. Geinitz, *Die Versteiner. d. Steinkohlenform. in Sachsen*, p. 22, pl. 27, fig. 8, 8 A (reproduisant l'échantillon déjà figuré par Gutbier).
(3) Lindley et Hutton, *Fossil Flora of Great Britain*, t. I, pl. 41.

saurait y avoir aucune hésitation pour le *N. cordata* du Cap Breton figuré par Bunbury (¹) avec les poils dont j'ai parlé, et auquel l'auteur lui-même rattache, comme variété, le *N. angustifolia*.

De même le *N. cordata* de Piesberg et d'Ibbenbühren, figuré, sous le nom de *Dictyopteris cordata*, par Rœmer(²), présente les mêmes poils caractéristiques; le dessin donné par cet auteur n'indique pas de vraies anastomoses des nervures entre elles, mais bien une nervation névroptéroïde ; d'ailleurs les empreintes laissées par les poils, couchés obliquement sur les nervures, simulent souvent de fausses auréoles. M. de Rœhl, qui a étudié la flore des mêmes localités, n'a pas hésité à replacer dans le genre *Nevropteris* l'échantillon figuré par Rœmer, mais il n'en a pas moins conservé comme génériquement distinct le *Dictyopteris cordata*, qui avait été pourtant fondé sur cet échantillon, et il a représenté sous ce nom deux empreintes dont l'une paraît réellement offrir une nervation aréolée (³), tandis que l'autre, celle de la pl. XV, fig. 12, est encore, très certainement, un *Nevropteris* identique au *N. acutifolia*.

Enfin, il me paraît très probable que c'est cette même espèce, dont j'ai constaté l'existence à Lens et à Bully-Grenay, que M. l'abbé Boulay a signalée dans le bassin houiller du nord de la France à Somain et à Vermelles sous le nom de *N. cordata* (⁴).

Il faut donc, comme l'avait indiqué M. Lesquereux (⁵), réunir toutes ces formes sous un seul et même nom, mais la découverte d'un caractère nouveau, quelque saillant qu'il puisse être, n'autorise pas à créer un nom nouveau pour une espèce déjà décrite, et il faut évidemment conserver le nom de *N. Scheuchzeri*, qui a incontestablement la priorité. Je ne pense pas d'ailleurs qu'il puisse y avoir de doute sur l'identité de l'espèce d'Hoffmann avec celles que je viens de passer en revue : je n'en ai pas vu les échantillons types, mais la forme en est caractéristique, et le *N. angustifolia*

---

(1) Bunbury, *On foss. plants from the coalform. of Cape Breton. Quarterly Journ.*, t. 3 (1847), p. 428, pl. XXI, fig. 1, 1 A, B, C, D, E, F.

(2) F. A. Rœmer, *loc. cit.*, p. 186, pl. XXIX, fig. 4.

(3) v. Rœhl, *loc. cit.*, p. 50, pl. XXI, f. 7 b.

(4) N. Boulay, *Le terr. houiller du Nord de la France et ses végét. foss.*, p. 29.

(5) Plus récemment, notamment dans sa *Coal Fora of Pennsylvania*, p 89, M. Lesquereux a séparé le *N. angustifolia* Brongt. de son *N. hirsuta*, en indiquant l'espèce de Brongniart comme dépourvue des poils qui caractérisent le *N. hirsuta*, et de plus comme ayant des feuilles plus étroites à nervation plus serrée. J'ai dit plus haut que les échantillons *types* de Brongniart étaient manifestement munis de poils; quant à la forme, elle m'a paru varier dans des limites trop étendues pour servir de base à une séparation en deux espèces; M. Lesquereux reconnaît du reste lui-même (p. 91) que ce caractère seul ne permettrait pas la distinction et qu'il peut rester un doute sur la valeur des espèces ainsi séparées.

Brongt. lui est certainement identique, tandis que le *N. Scheuchzeri* de Brongniart (¹) ne lui ressemble pas autant: je n'ai pu retrouver au Muséum l'échantillon représenté sous ce nom à la pl. 63, fig. 5, de l'*Histoire des végétaux fossiles*, et m'assurer s'il possédait bien les poils qui caractérisent si nettement cette espèce; mais j'ai trouvé, étiquetés sous ce nom, des échantillons de Wilkesbarre en Pennsylvanie, qui sont bien identiques au *N hirsuta* de M. Lesquereux. Les figures d'Hoffmann ne représentent pas ces poils, mais ils sont indiqués, comme je l'ai dit, sur les figures des échantillons de la même localité, de Piesberg, que Rœmer a publiées sous le nom de *Dictyopteris cordata*, et qui me paraissent bien répondre à la même espèce, correspondant seulement à des pinnules de grande taille. Rœmer a également figuré, et placé dans le genre *Dictyopteris*, un *Nevropteris Scheuchzeri*, de Piesberg (²), dont la nervation, évidemment névroptéroïde, n'offre aucune anastomose véritable. Quant au *Dictyopteris Scheuchzeri* de M. de Rœhl, les nervures paraissent, d'après la figure qui en est donnée (³), former de véritables aréoles, et cette espèce doit, par conséquent, rester à part, à moins que l'auteur n'ait été trompé par le croisement des poils avec les nervures, ce que l'examen de l'échantillon original permettrait seul de vérifier.

En résumé, la synonymie de cette belle espèce peut être indiquée ainsi qu'il suit :

Nevropteris Scheuchzeri. Hoffmann (1826). *an* Brongniart? *non* Gutbier (⁴).
Nevropteris angustifolia. Brongniart (1828-1836).
Nevropteris acutifolia. Brongniart (1828-1836). Gutbier. Ettingshausen. Geinitz. Rœmer. *an* Sternberg ?
Nevropteris cordata. Lindley et Hutton. Bunbury. Rœhl. Boulay. *non* Brongniart.
Nevropteris hirsuta. Lesquereux (1858).
Dictyopteris Scheuchzeri. Rœmer. *non* Rœhl.
Dictyopteris cordata. Rœmer. Rœhl (*pars*).

DICTYOPTERIS SUB-BRONGNIARTI. Grand'Eury.

Mieres, Felguera, sud-est d'*Olloniego, Sama, Ciano, Santa-Ana, Mosquitera.* C'est

---

(1) Brongniart, *loc. cit.*, *N. Scheuchzeri*, p. 230, pl. 68, fig. 5.
(2) F. A Rœmer, *Dictyopteris Scheuchzeri*, *loc. cit.*, p. 186, pl. XXXII, fig. 1.
(3) v. Rœhl, *loc. cit.*, p 49, pl. XXI, f. 12.
(4) Il ne me paraît pas possible de réunir à cette espèce l'échantillon figuré sous ce nom par Gutbier, *loc. cit.*, pl. VIII, fig 4 et 5.

évidemment cette espèce, abondante dans le bassin central des Asturies, qui a été citée sous le nom de *D. Brongniarti* dans le *Bulletin* de la Commission de la Carte géologique d'Espagne, comme rencontrée sur divers points du bassin.

J'ai indiqué ([1]) les caractères qui la séparent de l'espèce de Gutbier, et ne crois pas utile d'y revenir ici : elle se présente dans les Asturies sous les mêmes formes que dans le nord de la France, et associée avec les mêmes espèces. Cette association si constante me fait me demander si ce ne serait pas elle qui aurait servi de type à Bunbury pour l'établissement de son *Dictyopteris obliqua* ([2]) ; mais la figure donnée par cet auteur ne permet guère d'identification, la nervation ne paraissant pas reproduite très fidèlement. Les figures plus complètes données par M. Lesquereux dans son *Atlas to the Coal Flora of Pennsylvania*, pl. XXIII, fig. 4 à 6, viennent à l'appui de cette hypothèse, mais ne permettent pourtant pas de résoudre la question en toute certitude.

Je dois donc me borner à appeler l'attention sur ce point, en faisant simplement remarquer que le *Dictyopteris sub-Brongniarti* se trouve associé en Espagne et dans le Pas-de-Calais, comme le *Dictyopteris obliqua* au Canada, avec le *Nevropteris Scheuchzeri* et le *Pecopteris abbreviata*, sans parler du *Nevropteris rarinervis* Bunbury, que je n'ai pas vu des Asturies, mais dont j'ai constaté la présence assez fréquente à Lens et à Bully-Grenay.

TÆNIOPTERIS JEJUNATA. Grand'Eury.

Tineo. Cette espèce, dont j'ai pu voir plusieurs spécimens étiquetés par son auteur, facilement reconnaissable d'ailleurs à sa nervation, se montre à Tineo bien conforme aux échantillons du centre de la France, et surtout complètement identique à ceux de la Grand'Combe, dans le Gard. Elle n'avait pas encore été signalée hors de France.

ALETHOPTERIS LONCHITICA. Schlotheim (sp).

Santo-Firme. C'est la seule localité d'où M. Ch. Barrois ait rapporté des empreintes de cette espèce, et je ne l'ai vue d'aucun des points où elle est citée par le *Bulletin* de la Commission de la Carte géologique d'Espagne (Sama de Langreo, Mieres, Cangas de Tineo). J'ai bien vu de Ciano une empreinte qui semble être celle d'un *Alethopteris*, mais bien qu'elle ne soit pas déterminable spécifiquement, elle n'appartient certainement pas à l'*A. lonchitica*, qui m'a paru, en général, dans le nord de la France, cantonné dans des niveaux inférieurs à ceux où se rencontre, par exemple, le *Dictyopteris sub-Brongniarti*.

---

(1) *Explication de la Carte géologique de la France*. T. IV, 2ᵉ partie. *Végét. foss. du terr. houiller*, p. 58, pl. CLXV, fig.1, 2.
(2) Bunbury, *loc. cit*, p. 427, pl. XXI, fig. 2,

PECOPTERIS ARGUTA. Brongniart.

Tineo.

PECOPTERIS OREOPTERIDIA. Schlotheim (sp).

Tineo. Absolument identique aux échantillons du bassin d'Alais avec lesquels je l'ai comparé.

PECOPTERIS ARBORESCENS. Schlotheim. (sp).

Tineo.

PECOPTERIS CYATHEA. Schlotheim. (sp).

Lomes. Je ne crois pas me tromper en inscrivant ici le nom de cette espèce ; toutefois l'état fructifié des échantillons que j'y rapporte peut laisser un certain doute sur l'identification.

PECOPTERIS ABBREVIATA. Brongniart.

Sama, Ciano. Cette espèce paraît être particulièrement abondante dans cette dernière localité : j'en ai vu de Ciano de nombreux échantillons, les uns fertiles, les autres stériles, montrant toutes les variations de forme qu'on observe suivant les différentes parties de la fronde auxquelles on a affaire. Ils sont absolument conformes aux échantillons du nord de la France qui se trouvent, soit au Muséum, et qui ont servi de types à Brongniart [1] pour l'établissement de cette espèce, soit à l'Ecole des Mines. Suivant la face des pinnules que présentent les empreintes, suivant aussi, sans doute, l'état dans lequel se trouvaient les pennes de cette fougère au moment de leur enfouissement dans les vases qui nous les ont conservées, tantôt la nervation apparaît parfaitement nette, tantôt elle est masquée plus ou moins complètement par des poils courts, fins et abondants, appliqués sur la face supérieure du limbe, qui dissimulent parfois absolument les nervures. J'ai constaté sur les échantillons mêmes de Brongniart l'existence de cette villosité, qui peut être, comme je viens de le dire, plus ou moins visible, et qui a souvent fait désigner cette espèce sous le nom de *Pecopteris villosa*. Ainsi il y a certainement identité entre le *P. abbreviata* type et les figures données par Geinitz sous le nom de *Cyatheites villosus*, dans la Flore houillère de Saxe [2], à la pl. 29, fig. 6 à 8, parmi lesquelles la figure 7 A représente la nervation et la villosité de cette espèce avec une fidélité parfaite. Les échantillons que j'ai vus de Mazon Creek, dans l'Illinois, étiquetés sous ce nom de *Pecopteris villosa*, semblent se rapporter aussi à la même espèce.

---

(1) Brongniart, *loc. cit.*, p. 327, pl. 115, fig. 1-4.
(2) H. B. Geinitz, *loc. cit.*, p. 25, pl. 29, fig. 6-8.

Il ne serait pas impossible, du reste, qu'il fallût réunir le *P. abbreviata* et le *P. villosa* Brongt. (¹), qui proviennent, il est bon de le remarquer, des mêmes localités ou à peu près ; du moins celui-ci est de Camerton près Bath, en Angleterre, et l'un des échantillons types de celui-là, celui qui est figuré à la pl. 115, fig. 1, de l'*Histoire des végétaux fossiles*, vient des environs de Bath. J'ai examiné au Muséum le type du *P. villosa* : la nervation en est absolument indistincte et il est même très difficile, l'échantillon ayant été sans doute un peu altéré par le temps, de discerner la trace des « écailles sétacées filiformes » qui, d'après Brongniart, garnissaient la face inférieure des pinnules ; sur un des angles de cet échantillon apparaît un fragment de penne à pinnules plus petites, en partie soudées entre elles, beaucoup plus analogue au *P. abbreviata*. Mais il n'est pas possible de se prononcer positivement sur les rapports existant entre ces deux espèces : dans le *P. abbreviata*, les poils me paraissent occuper la face supérieure et non la face inférieure des pinnules ; de plus les rachis, toujours striés en long, ne présentent, en général, que quelques ponctuations rares et assez peu marquées, tandis que le *P. villosa* possède, ainsi que l'indique la figure, des rachis très nettement ponctués ; enfin les pinnules du *P. abbreviata* n'atteindraient pas la dimension de celles du *P. villosa* ; il est vrai que ces deux derniers caractères, grandeur des pinnules, fréquence et netteté des ponctuations, pourraient correspondre aux portions les plus inférieures de la fronde, les rachis y étant munis d'écailles qui, comme cela a lieu d'ordinaire, seraient devenues plus rares dans les portions plus voisines du sommet. En résumé, la nervation du *P. villosa* type restant inconnue, je doute qu'il faille lui réunir le *P. abbreviata* (²), malgré sa villosité bien constatée.

Une autre question, qui a été soulevée à propos du *P. abbreviata*, est de savoir s'il n'est pas identique au *P. Miltoni* Artis (sp.) (³), dont le nom, datant de 1825, aurait alors la priorité. J'ai cherché à la résoudre, à l'occasion de l'examen des empreintes des Asturies, mais bien que je n'aie pu, non plus, arriver à une conclusion tout à fait sûre, je penche cependant vers la négative. La forme générale des pinnules indiquée par

---

(1) Brongniart, *loc. cit.*, p. 316, pl. 104, fig. 8.

(2) Si l'identité des deux espèces était établie, le nom du *P. villosa*, figuré dans la 8ᵉ livraison et décrit dans la 9ᵉ livraison de l'*Histoire des végétaux fossiles*, devrait, par droit de priorité, prévaloir sur celui de *P. abbreviata*, décrit dans la 9ᵉ livraison et figuré seulement dans la 10ᵉ. Il est vrai que le nom de *P. abbreviata* se trouve seul cité dans le *Prodrome* de 1828, à l'exclusion du *P. villosa*; mais il n'est que cité et non décrit, ce qui ne constitue pas la publication de l'espèce.

(3) Artis, *Antedil. Phytology*, pl. XIV, *Filicites Miltoni*.

la figure d'Artis paraît bien analogue à celle du *P. abbreviata;* mais la nervation n'est pas figurée, ce qui rend à peu près impossible une assimilation, ce caractère étant le seul sur lequel on puisse s'appuyer sûrement; de plus la figure et la diagnose données par l'auteur indiquent des sores marginaux ou presque marginaux, tandis que, comme je l'ai signalé (¹), chez le *P. abbreviata* les groupes de capsules couvrent toute la face inférieure des pinnules et ne sont nullement marginaux. Les figures données par Geinitz sous le nom de *Cyatheites Miltoni* (²) montrent aussi (pl. 30, fig. 6, 6 A; et même *C. Miltoni,* var. *abbreviatus,* fig. 8, 8 A, 8 B) des fructifications presque marginales. Ce caractère, de la disposition des sores, me paraît assez important pour que je croie devoir regarder le *P. abbreviata* comme décidément distinct du *P. Miltoni.* Quant à sa réunion avec le *P. polymorpha* Brongt., proposée par divers auteurs, il est à peine utile de rappeler que les caractères de la fructification séparent absolument ces deux espèces, le *P. abbreviata* ayant des capsules courtes d'*Asterotheca,* et le *P. polymorpha* de longues capsules aiguës de *Scolecopteris* (³). Elles appartiennent, du reste, à des niveaux différents.

PECOPTERIS DENTATA. Brongniart.

Ciano, Santa-Ana; Tineo. Outre des pennes parfaitement nettes de cette espèce, que Brongniart avait déjà signalée dans le terrain houiller des Asturies (⁴), à *Sama,* j'ai observé, parmi les empreintes de Ciano, les expansions foliacées irrégulièrement découpées (*Aphlebia*) qui occupent, chez cette fougère, la base de chaque penne à son point d'insertion sur le rachis principal. Je n'ai pas vu de pennes de Sama, mais même en l'absence de l'indication de Brongniart, son existence y serait établie par l'existence, parmi les échantillons recueillis par M. Barrois, de ces *Aphlebia* caractéristiques, bien conformes à la figure du *Fucoïdes filiciformis,* var. ε Gutbier (⁵).

---

(1) *Loc. cit.,* p 85, 86.
(2) H. B. Geinitz, *loc. cit.,* p. 27; pl. 30, fig. 5-8; pl. 31, fig. 1-4.
(3) Le *P. Miltoni* de Brongniart (*Hist. d. végét. foss.,* p. 333, pl. 114, fig. 1-8), au contraire, me paraît, d'après le caractère même de la fructification, devoir être réuni au *P. polymorpha* : les échantillons représentés à la pl. 114, fig. 1 à 6, de l'*Histoire des végétaux fossiles,* ne diffèrent de cette espèce par aucun caractère appréciable; la localité indiquée comme provenance, le Bousquet près Lodève, correspond à l'étage houiller supérieur, c'est-à-dire au niveau du *P. polymorpha* et non du vrai *P. Miltoni;* enfin l'échantillon fructifié de la fig. 7 présente précisément les grandes capsules aiguës de *Scolecopteris* qui caractérisent le *P. polymorpha.* Quant à l'échantillon fig. 8 de la même planche, indiqué comme étant de Saarbrücken, Schimper en a fait le type d'une espèce nouvelle, sous le nom de *Goniopteris brevifolia* (*Traité de paléont. végét.,* t. 1, p. 546).
(4) Brongniart, *Hist. d. végét. foss.,* p. 346.
(5) Gutbier, *loc. cit* , p. 11, pl. I, fig. 8.

PECOPTERIS POLYMORPHA. Brongniart.

Lomes, Tineo.

PECOPTERIS BUCKLANDI. Brongniart.

Tineo. Cette espèce n'avait pas encore, je crois, été signalée dans les Asturies; mais, d'après le *Bulletin* de la Commission de la Carte géologique d'Espagne, elle aurait été observée à Guardo, province de Palencia.

PECOPTERIS PLUCKENETI. Schlotheim (sp).

Tineo. Du moins je crois devoir rapporter à cette espèce une empreinte très analogue à certaines formes réduites du *P. Pluckeneti*, portant des pinnules plus petites que le type, mais découpées de la même manière, que j'ai observées fréquemment à la Grand' Combe, dans le Gard.

LEPIDODENDRON ACULEATUM. Sternberg.

Mieres.

LEPIDOSTROBUS VARIABILIS. Lindley et Hutton.

Santo-Firme.

SIGILLARIA TRANSVERSALIS. Brongniart.

Santo-Firme.

SIGILLARIA SCHLOTHEIMI. Brongniart.

Santo-Firme.

SIGILLARIA CANDOLLEI. Brongniart.

Mieres.

SIGILLARIA CONFERTA. Boulay.

Santo-Firme.

SIGILLARIA HEXAGONA. Brongniart.

Santo-Firme. Je crois devoir désigner sous ce nom, plutôt que sous celui de *S. elegans*, l'échantillon recueilli à Santo-Firme par M. Ch. Barrois, malgré la réunion indiquée par Brongniart pour ces deux espèces, les cicatrices foliaires du *S. hexagona*, en forme d'hexagone presque régulier, me paraissant différer de celles du *S. elegans*, dans lesquelles la portion inférieure de l'hexagone est beaucoup moins haute que la portion supérieure.

SIGILLARIA TESSELLATA. Brongniart.

Mieres.

Outre ces espèces, bien déterminables, M. Ch. Barrois a rapporté de *Santo-Firme* plusieurs fragments de Sigillaires décortiquées et qui par suite ne peuvent être nommées; quelques-uns paraissent appartenir au groupe du *S. Cortei* Brongt., à côtes étroites et à cicatrices espacées. Un autre fragment, provenant d'*Olloniego*, rappelle le *S. contracta* Brongt.; un autre, des environs de *Pola de Lena*, le *S. elliptica* Brongt.; mais ils sont trop mal conservés pour permettre une détermination spécifique.

Il a recueilli aussi à *Mosquitera* un petit échantillon, malheureusement très fragmentaire, qui semble appartenir à la section des *Clathraria* et se rapprocher du *S. Brardi* Brongt.; il en différerait cependant par ses mamelons plus hauts, moins étirés dans le sens transversal, et présentant la forme d'un hexagone régulier. Il n'est pas possible, sur un fragment aussi peu complet, de juger si l'on a affaire à une espèce nouvelle.

CORDAITES BORASSIFOLIUS. Sternberg (sp).

Mieres. Outre les feuilles de Mieres que je rapporte à cette espèce, j'ai remarqué, parmi les empreintes recueillies à *Onis*, un rameau de Cordaïte portant des cicatrices foliaires très nettes (*Cordaicladus*), très analogue, sinon identique, à celui que M. Grand'Eury a figuré à la pl. XXVIII, fig. 1, de sa *Flore carbonifère;* et, parmi les échantillons de *Quiros*, un moule d'étui médullaire tout à fait semblable à l'*Artisia approximata* Lindley et Hutton (sp).

Enfin je signalerai, comme appartenant peut-être à des végétaux du même groupe, un petit *Trigonocarpus* de *Ciano*, et une graine ailée, de la même localité, qui paraît se rapporter au genre *Jordania* Fiedler.

WALCHIA PINIFORMIS. Schlotheim (sp).

Tineo. Ce n'est qu'avec un certain doute sur la détermination spécifique que j'inscris ce nom, l'échantillon que j'ai examiné étant fort incomplet: c'est un fragment d'un gros rameau non muni de ramules, mais portant seulement des feuilles aiguës; il appartient manifestement au genre *Walchia* et se rapproche plus du *W. piniformis* que de tout autre, mais je ne puis le nommer d'une façon absolument sûre.

En reprenant les indications de localités qui viennent d'être données pour chaque espèce, on peut former les listes suivantes, qui donnent un aperçu de la flore des diverses localités explorées par M. Ch. Barrois.

BASSIN CENTRAL.

NOMS DES ESPÈCES	Mieres	Felguera	S. E. Ollonego	Sama	Ciano	Santa-Ana	Mosquitera
Calamites Suckowi	+		+	+			+
— Cisti		+		+			
Asterophylliies equisetiformis					+		
Annularia microphylla						+	
— sphenophylloïdes				+			
Sphenophyllum cuneifolium				+	+		
— saxifragæfolium				+			
— emarginatum			+			+	+
Sphenopteris formosa				+			
Mariopteris latifolia				+			
Nevropteris tenuifolia				+	+	+	
— Scheuchzeri				+	+		
Dictyopteris sub-Brongniarti	+	+	+	+		+	+
Pecopteris abbreviata				+	+	?	
— dentata				+	+	+	
Lepidodendron aculeatum	+						
Sigillaria Candollei		+					
— tessellata		+					
Cordaites borassifolius		+					

Cette flore est celle de l'étage houiller moyen et plus particulièrement celle des parties élevées de cet étage, telle exactement qu'on l'observe à Lens et à Bully-Grenay dans le Pas-de-Calais et autour de Mons en Belgique, et je n'hésite pas à rapporter à ce niveau, c'est-à-dire à l'étage supra-moyen de M. Grand'Eury, l'ensemble du bassin central des Asturies. Le petit nombre d'espèces que j'ai eues sous les yeux, bien qu'il suffise parfaitement pour fixer l'âge général de ces dépôts, ne permet pas de reconnaître si les couches exploitées sur ces divers points sont rigoureusement contemporaines ou s'il y a entre elles des différences d'âge secondaires. Il serait possible, par exemple, que les couches de Mieres, où les Sigillaires semblent, d'après le tableau précédent, plus abondantes que sur les autres points du bassin explorés par M. Barrois, correspondissent à un niveau plus bas et fussent un peu plus anciennes que celle de Sama et de Ciano. Mais il faudrait, pour l'affirmer, et pour arriver à leur classement relatif, connaître à fond la flore de ces diverses localités; ce n'est que par des études prolongées faites sur les lieux qu'on pourrait résoudre en toute certitude ces questions de détail.

BASSINS SEPTENTRIONAUX

SANTO-FIRME.

Du petit bassin de Santo-Firme, au nord d'Oviedo, j'ai reconnu les espèces suivantes :

Calamites Cisti. Alethopteris lonchitica. Un *Pecopteris* peu déterminable qui pourrait être le *P. æqualis* Brongt. *Lepidostrobus variabilis. Sigillaria transversalis; S. Schlotheimi; S. conferta; S. hexagona*; avec des fragments décortiqués, dont quelques-uns, comme je l'ai dit, appartiennent au groupe du *S. Cortei.*

Ces diverses espèces sont de l'étage houiller moyen, mais elles paraissent indiquer un niveau un peu plus bas que la flore du bassin central. L'absence du *Nevropteris Scheuchzeri*, du *Dictyopteris sub-Brongniarti*, des *Pecopteris abbreviata* et *dentata* n'est, il est vrai, qu'une preuve négative à laquelle on ne saurait attacher de valeur sérieuse, surtout en présence d'un aussi petit nombre d'échantillons; de même l'abondance relative des Sigillaires peut n'être que fortuite et l'examen fait sur les lieux pourrait seul prouver s'il en est ainsi dans la réalité. Mais deux ou trois des espèces que je viens de citer fournissent des preuves positives dans le même sens: l'*Alethopteris lonchitica* me paraît, d'après mes propres observations, conformes à celles de M. l'abbé Boulay, caractériser dans le nord de la France les régions moyenne et inférieure de l'étage houiller moyen; il est, notamment, commun à Vicoigne, où l'on exploite les couches inférieures du bassin. C'est de Vicoigne également que provient le *Sigillaria conferta*. Le *Sigillaria transversalis* et, si son existence était bien établie, le *Pecopteri æqualis*, viendraient témoigner dans le même sens.

Aussi, sans pouvoir rien affirmer, ce que ne permet évidemment pas une connaissance aussi peu complète de leur flore, suis-je porté à regarder les couches exploitées à Santo-Firme comme appartenant à la partie moyenne, sinon à la partie inférieure du terrain houiller moyen, à l'étage moyen proprement dit de M. Grand'Eury.

ARNAO.

Je n'ai vu d'Arnao qu'un fragment de tige mal conservé, portant des mamelons rhomboïdaux saillants étroitement imbriqués, qui semble, mais sans certitude, se rapporter au *Sigillaria Brardi*. Cet échantillon ne suffirait pas pour fixer l'âge des couches de ce petit bassin; mais M. Geinitz a publié, il y a quinze ans, (¹) une liste d'espèces de cette provenance, que je crois utile de reproduire ici :

« *Calamites cannæformis; Cal. Suckowi. Nevropteris gigantea* (?) *Odontopteris Brardi. Cyatheites dentatus. Alethopteris Pluckeneti. Sigillaria Brardi; Sig. cyclostigma; Sig. Knorri* (?); *Sig. Dournaisi* (?); *Sig. mamillaris. Cordaites borassifolius.* »

La présence, parmi ces plantes, du *Pecopteris Pluckeneti*, du *Sigillaria Brardi*, et surtout de l'*Odontopteris Brardi*, indique formellement l'étage houiller supérieur : l'*Odontopteris Brardi* ne se trouve guère, en France, que dans la région moyenne de cet étage, correspondant aux couches de Saint-Étienne; d'un autre côté les Sigillaires cannelées n'ont persisté qu'assez peu de temps dans le houiller supérieur, de sorte que la présence simultanée de ces diverses espèces végétales conduit à ranger les couches d'Arnao au sommet de l'étage sous-supérieur ou à la base de l'étage supérieur proprement dit de M. Grand'Eury.

FERROÑES.

La collection Paillette, déposée au Muséum d'Histoire Naturelle, renferme plusieurs belles empreintes du petit bassin de Ferroñes, au sud d'Arnao. J'y ai reconnu les espèces suivantes :

Annularia sphenophylloïdes; An. stellata. Odontopteris Brardi. Pecopteris oreopteridia; P. dentata; P. polymorpha; P. unita. Et un beau *Sphenopteris* du groupe des *Sphenopteris* pécopteroïdes, se rapprochant beaucoup du *Sph. goniopteroïdes* Lesq. (²), dont il diffère cependant par ses nervules plus arquées et pour la plupart dichotomes, les inférieures divisées même par deux dichotomies successives.

Un échantillon de la même provenance, qui se trouve dans les collections de l'École des Mines, m'a offert en outre le *Pecopteris arguta*.

---

(1) H. B. Geinitz. *Neues Jahrb. f. Mineral.* 1867, p. 283, *Beitr. z. aelteren Flora u. Fauna*.
(2) L. Lesquereux : *Coal-Flora of Pennsylvania.* p. 269; pl. LV, fig. 3-4.

Ces diverses plantes sont celles du houiller supérieur, et je ne pourrais, au sujet de l'*Odontopteris Brardi*, que répéter ce que je viens de dire à l'occasion de sa présence dans le bassin d'Arnao. Les couches de Ferroñes me paraissent donc devoir être rangées dans l'étage houiller supérieur proprement dit, ou tout au moins au sommet de l'étage sous-supérieur.

BASSIN OCCIDENTAL.

TINEO.

La flore de Tineo est bien représentée dans la collection de M. Barrois et permet de fixer assez exactement l'âge de ce bassin. Elle comprend :

Annularia stellata. Sphenophyllum oblongifolium ; Sph. angustifolium. Sphenopteris voisin du *Sph. chærophylloïdes. Tæniopteris jejunata. Pecopteris arguta; P. oreopteridia ; P. arborescens; P. dentata; P. polymorpha ; P. Bucklandi; P. Plückeneti. Walchia piniformis.*

Toutes ces plantes, à l'exception du *P. dentata* qui se montre déjà dans l'étage houiller moyen, sont essentiellement propres à l'étage houiller supérieur ; c'est exactement la flore que l'on peut observer dans le bassin du Gard, à la Grand'Combe et plus particulièrement dans les couches les plus élevées de cette houillère, dans le faisceau de Champclauson. Je rangerais, d'après cela, sans hésitation, les couches de Tineo dans l'étage sous-supérieur de M. Grand'Eury, et plutôt dans la région la plus élevée de cet étage.

LOMES.

Je n'ai reconnu, de Lomes, que deux espèces, les *Pecopteris cyathea* et *polymorpha*: elles suffisent pour permettre d'affirmer que les couches exploitées dans cette localité, appartiennent au terrain houiller supérieur, mais sans préciser davantage ; d'ailleurs il résulte des observations de M. Ch. Barrois que les couches de Lomes appartiennent encore au bassin de Tineo, dont elles occupent la partie inférieure. Ce bassin, situé à 50 kilomètres environ à l'ouest de celui d'Oviedo, et complètement séparé de celui-ci, en est aussi, comme on le voit, différent comme niveau ; il s'est même, peut-être, écoulé un certain intervalle de temps entre la fin de la formation de l'un et le commencement des dépôts qui ont donné naissance à l'autre.

M. Barrois n'a pu trouver aucune empreinte dans le petit bassin isolé de Cangas de Tineo ; il pense qu'il n'a été séparé de celui de Tineo, dont il est extrêmement rapproché, que par des dénudations récentes. Le *Bulletin* de la Commission de la Carte géologique d'Espagne cite en effet, de cette provenance (p. 149), les *Alethopteris aquilina* et *Grandini*, qui sont bien du terrain houiller supérieur; il indique, il est vrai, de la même localité, le *Sphenopteris tenuifolia*, qui est du culm ; mais on doit penser, comme je l'ai dit plus haut, qu'il a pu y avoir dans les listes de ce *Bulletin* quelques erreurs de détermination, et l'on doit avoir affaire ici à l'une d'entre elles.

RÉSUMÉ.

En résumé, les empreintes recueillies par M. Ch. Barrois [1] établissent positivement l'existence, dans les Asturies, des deux grands étages dans lesquels se subdivise le vrai terrain houiller [2].

Le houiller supérieur est représenté à Tineo, à Lomes, à Arnao et à Ferroñes,

[1] J'avais espéré que l'examen des plantes houillères de la collection De Verneuil pourrait me fournir quelques renseignements complémentaires sur la flore carbonifère des Asturies ; mais je n'y ai trouvé pour ainsi dire, aucune empreinte de ce bassin. Il n'y a, d'ailleurs, que deux localités qui soient représentées dans cette collection par un nombre tant soit peu notable d'échantillons : ce sont *Ogasa*, près San Juan de las Abadesas (prov. de Gerona), et *San Felices* (prov. de Palencia). D'après les indications, un peu insuffisantes, fournies par ces échantillons, les couches d'Ogasa me paraissent appartenir à la base du houiller supérieur, et celles de San Felices au sommet du houiller moyen.

[2] Ce travail était rédigé depuis quelques semaines, quand j'ai reçu, de M. Ch. Barrois, communication d'une note manuscrite de M. Grand'Eury, qui avait eu ces empreintes entre les mains, et avait été conduit, par l'examen rapide qu'il en avait fait, à des conclusions stratigraphiques entièrement semblables à celles que je viens d'exposer. Cette note, que j'ai été heureux de trouver en concordance si complète avec la mienne, vient d'être publiée dans les *Annales* de la Société géologique du Nord (T. IX, p. 1 1881).

les dépôts de Tineo et de Lomes venant se placer dans l'étage sous-supérieur et vraisemblablement, tout au moins pour ceux de Tineo, vers le haut de cet étage ; ceux d'Arnao et de Ferroñes occupant peut-être une position un peu plus élevée encore, c'est-à-dire le sommet même de l'étage sous-supérieur, sinon la base de l'étage supérieur proprement dit.

Le houiller moyen est représenté dans tout le bassin central et à Santo-Firme, les couches de Mieres, Sama, Ciano, etc., appartenant à l'étage supra-moyen, et celles de Santo-Firme paraissant se rapporter plutôt à l'étage moyen proprement dit, sinon à l'étage sous-moyen.

Enfin le terrain houiller inférieur, l'étage du culm, se montre dans la Cordal de Leña, à l'ouest de Pola de Leña.

Quant aux petits bassins de Quiros et d'Onis, les quelques empreintes que j'en ai vues ne permettent pas d'en fixer l'âge, vu leur petit nombre et l'absence, parmi elles, d'espèces tant soit peu caractéristiques.

Mémoire lu à la Société Géologique du Nord

dans sa séance du 7 Décembre 1881.

www.ingramcontent.com/pod-product-compliance
Lightning Source LLC
Chambersburg PA
CBHW070525050426
42451CB00013B/2848